生牛奶糖與手工糖果

上村真巳

出版\菊

前言

一打開滑動式的方盒箱子，就看到一個個用紙張仔細包妥，收藏得漂漂亮亮的

牛奶糖。對我而言，這是孩提時代最重要的寶盒。剝開包裝紙，包裝紙揉得亂

七八糟地，把糖果含在口中。

手工糖果（Confiserie），在日本還不是大家熟知的語詞。在法文中，牛奶糖或

棉花糖…等色彩鮮艷的砂糖糕點都稱為手工糖果。因此，排滿許多手工糖果的

糖果店，或是受到大人小孩們喜愛的糕餅糖果店，也都以此為名。

在本書中所介紹的牛奶糖或手工糖果，都經過特別挑選，即使沒有專門的器具

或溫度計，也都可以簡單完成。宛如孩提時候，在糕餅糖果店中找尋到自己喜

愛的糖果般，由衷希望大家也可以由本書當中，找尋到自己喜愛的甜點，並且

能在家裡輕鬆製作。希望參考本書的各位讀者，家中的廚房都能洋溢著香甜的

幸福風味。

上村真巳

CONTENTS

Confiserie 手工糖果 ···················· 63

［ 在開始製作之前 ］

◆ 使用的是M尺寸(全蛋50g、蛋白30g、蛋黃20g)的雞蛋

◆ 鮮奶油使用的是純鮮奶油(乳脂肪成分47%)

◆ 烤箱烘焙的時間，會因熱源及機種而略有不同。
　請依食譜為標準，再視狀況而加以調整。

編註：日文中焦糖和牛奶糖，廣義用的是同一個單字
　　　キャラメルCaramel。僅有糖及水熬煮的キャラ
　　　メル，本書譯為焦糖。加入鮮奶油及水麥芽等材
　　　料，則因熬煮時間不同，而有所差別。但日文都
　　　以キャラメルCaramel統稱，譯文則區分為：
　　　焦糖醬(キャラメルソース)、牛奶抹醬(キャラ
　　　メルジャム)、生牛奶糖(生キャラメル)和牛奶糖
　　　(キャラメル)。

Caramel

什麼是牛奶糖

砂糖，加水並加熱後，會溶化並慢慢地產生稠度，而後焦化呈褐色。利用這樣的特性製作而成的，就是糕餅店中常見，甘甜中略略帶著苦味的方型「焦糖 Caramel」。若將砂糖、鮮奶油與麥芽糖等一起熬煮，冷卻凝固製作而成的就是軟質牛奶糖。

其中，被稱為「生牛奶糖」的柔軟牛奶糖，就是源自法國北部布列塔尼地區的甜點。據說，最初是牛奶糖師傅，使用當地盛產的奶油所製作出來的。無論如何，「生牛奶糖」的魅力，就在於入口的柔軟口感及瞬間即化的美味。熬煮時間是製作時的最大關鍵。

Confiserie

什麼是手工糖果

在法語中，小小的砂糖糕點，就稱為手工糖果Confiserie。

以砂糖熬煮而成的糕點，牛奶糖當然算是手工糖果之一。除

此之外，牛軋糖、利口酒糖球或是糖衣果仁...等也都非常具

代表性。水果與砂糖一起熬煮的水果軟糖、棉花糖、糖漬栗

子，還有巧克力...也都屬於「手工糖果Confiserie」的範圍。

主要販售「手工糖果Confiserie」的店家，也被稱為「Con-

fiserie」。在法國街角，經常可以見到極具魅力的商店，在玻

璃櫥窗中排滿著色澤艷麗的手工糖果，有秤重購買的，也有

裝在小瓶或小盒內銷售，可愛的包裝令人無法抗拒。

Caramel

牛奶糖

入口即化的生牛奶糖、受到孩童們熱愛的牛奶糖、

生活中隨時都能使用的牛奶抹醬和焦糖醬。

每天的點心若能添加一點焦糖風味，

就可以簡單地做出咖啡廳中時尚的甜點了。

牛奶糖的變化 —— 從焦糖醬開始到製成牛奶糖

砂糖加熱至焦化時,在料理用語中稱之為「caramélisée」。

在當中加入鮮奶油及水麥芽加以熬煮,之後冷卻凝固而成的,就是大家所熟知的牛奶糖。

使用相同的材料,僅只需改變熬煮的時間,就可以分別製作出:焦糖醬、牛奶抹醬、

生牛奶糖和牛奶糖。

■ 可用顏色來區分其完成狀態

材料放入鍋中熬煮,依其溫度上升的程度,牛奶糖的口感也隨之不同。

完成時簡單的區分標準。

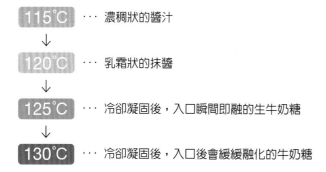

115℃	⋯ 濃稠狀的醬汁
120℃	⋯ 乳霜狀的抹醬
125℃	⋯ 冷卻凝固後,入口瞬間即融的生牛奶糖
130℃	⋯ 冷卻凝固後,入口後會緩緩融化的牛奶糖

在此介紹的,是為了沒有溫度計的讀者,利用完成時的色澤來區分製作出的焦糖醬以及

牛奶糖。

■ 大量製作保存起來,隨時都可以品嚐到特別的下午茶甜點。

焦糖醬或抹醬可以澆淋在水果、冰淇淋、麵包蛋糕上,也可以拌入咖啡或果汁當中。

即使隨著時間而逐漸凝固,只要再次稍稍加熱即可回復原狀。

生牛奶糖和牛奶糖,可以個別加以包裝,非常適合做為伴手的小禮物。

■ 牛奶糖的製作是不會失敗的。

熬煮時間越短,成品越柔軟,長時間的熬煮就會製作出較硬的牛奶糖。

顏色和溫度的差異關係入口時的口感軟硬。只需注意不要燒焦,牛奶糖的製作是不會失敗的。

焦糖色澤表（Caramel Color Chart）

依照12頁中「基本食譜」，試試看焦糖醬～牛奶糖的製作吧。
比較看看色澤表，只要熬煮至相同顏色時，就表示完成了。

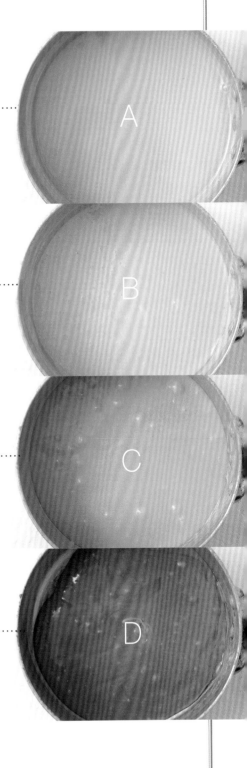

Ⓐ **焦糖醬**・・・煉乳般的色澤，還留有稍稍透明的感覺

［ 變化 ］
48頁～

［ 使用焦糖醬應用變化的甜點 ］
○焦糖醬鮮果　○冰淇淋　○飲品

Ⓑ **牛奶抹醬**・・・帶有黃色感覺的奶色

［ 變化 ］
38頁～

［ 使用牛奶抹醬應用變化的甜點 ］
○法式吐司　○司康　○慕斯　○布蕾

Ⓒ **生牛奶糖**・・・淡淡的咖啡色

［ 變化 ］
14頁～

［ 使用生牛奶糖應用變化的糖果 ］
○松露巧克力　○牛軋糖　○塔餅　○蛋白杏仁餅

Ⓓ **牛奶糖**・・・咖啡色（焦糖色）

［ 變化 ］
28頁～

［ 使用牛奶糖應用變化的糖果 ］
○糖杏仁　○餅乾　○磅蛋糕　○蛋糕捲

基本食譜

只需要使用3種材料，並變化熬煮的時間，就可以完成
焦糖醬、牛奶抹醬、生牛奶糖和牛奶糖。

◆ 材料

> 焦糖醬、抹醬時 60g
> 生牛奶糖、牛奶糖時
> 2cm x 2cm 約12個
> 的份量(60g)

細砂糖…25g
鮮奶油…50g
水麥芽…8g
(或稱水飴)

◆ 製作方法

1️⃣ 將全部的材料放入厚
底鍋中。

2️⃣ 以中火加熱，並用橡
皮刮杓混拌。加熱至
呈咕嚕咕嚕的沸騰
狀態。

3️⃣ 為避免燒焦地邊混拌
邊進行熬煮。熬煮至
液體呈半透明並產生
濃稠狀態。

4️⃣ 繼續邊混拌邊熬煮至呈11
頁A的焦糖醬色澤時，即
可離火。

5️⃣ 用熱水消毒保存瓶。

6️⃣ 趁熱時倒入焦糖醬，並蓋
妥瓶蓋。

| 製作牛奶抹醬 | 製作生牛奶糖 | 製作牛奶糖 |

→ 製作牛奶抹醬 ──繼續熬煮──→ 製作生牛奶糖 ──繼續熬煮──→ 製作牛奶糖

④

繼續邊混拌邊熬煮至呈11
頁B的牛奶抹醬色澤時，
即可離火。

⑤

用熱水消毒保存瓶。

⑥

趁熱時倒入牛奶抹醬，並
蓋妥瓶蓋。

④

繼續邊混拌邊熬煮至呈11
頁C的生牛奶糖色澤時，
即可離火。

⑤

倒入模型中。

⑥

以冰水或放入冰箱中冷卻
凝固。

⑦

用刀子劃入生牛奶糖與模
型之間，倒扣並輕敲模
型，即可取出生牛奶糖。

⑧

分切成自己喜歡的大小。

④

繼續邊混拌邊熬煮至呈11
頁D的牛奶糖色澤時，即
可離火。

⑤

倒入模型中。

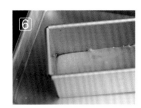

⑥

置於常溫中冷卻凝固。

⑦

用刀子劃入牛奶糖與模型
之間，倒扣並輕敲模型，
即可取出牛奶糖。

⑧

分切成自己喜歡的大小。

13

生牛奶糖的 種變化

生牛奶糖美味的魅力，無論怎麼說都少不了它入口即化的口感。
從融於口中的瞬間開始，感受到甜美幸福的餘韻縈繞不絕。

01 : Millet sugar

02 : Salt

03 : Green tea

04 : Brown sugar

05 : Maple sugar

06 : Chocolate

07 : Spice

08 : Nuts

Sweet & Spicy !

01
Millet sugar

02
Salt

03
Green tea

04
Brown sugar

05
Maple sugar

06
Chocolate

07
Spice

08
Nuts

01 Millet sugar 赤砂糖

赤砂糖…25g　鮮奶油…50g
水麥芽…8g

① 將所有材料放入鍋中，與12頁「基本食譜」①～③的作法相同。
② 邊混拌邊繼續熬煮至開始產生濃稠時，在水中滴入2～3滴以確認其硬度。可以結成固體形狀，但以指尖拿捏時會被捏破的程度，即可熄火。
③ 與「基本食譜」⑤～⑧相同地完成即可。

02 Salt 鹽

細砂糖…25g　鮮奶油…50g
水麥芽…8g　鹽…1g

① 將鹽以外的所有材料放入鍋中，與12頁「基本食譜」①～③的作法相同。
② 邊混拌邊繼續熬煮至呈11頁色澤表C的顏色時，加入鹽並充分混拌。
③ 與「基本食譜」⑤～⑧相同地完成即可。

03 Green tea 抹茶

細砂糖…25g　鮮奶油…50g
水麥芽…8g　抹茶…2g

① 除了抹茶之外的所有材料都放入鍋中，與12頁「基本食譜」①～③的作法相同。
② 邊混拌邊繼續熬煮至呈11頁色澤表C的顏色時，加入抹茶並充分混拌。
③ 與「基本食譜」⑤～⑧相同地完成即可。

04 Brown sugar 黑糖

黑糖…25g　鮮奶油…50g
水麥芽…8g

① 將所有材料放入鍋中，與12頁「基本食譜」①～③的作法相同。
② 邊混拌邊繼續熬煮至開始產生濃稠時，在水中滴入2～3滴以確認其硬度。可以結成固體形狀，但以指尖拿捏時會被捏破的程度，即可熄火。
③ 與「基本食譜」⑤～⑧相同地完成即可。

2cm x 2cm
生牛奶糖12顆的
製作方法

■ ■ ■ ■
■ ■ ■ ■
■ ■ ■ ■

05 Maple sugar 楓糖

楓糖…25g　鮮奶油…50g
水麥芽…8g

① 將所有材料放入鍋中，與12頁「基本食譜」①～③的作法相同。
② 邊混拌邊繼續熬煮至開始產生濃稠時，在水中滴入2～3滴以確認其硬度。可以結成固體形狀，但以指尖拿捏時會被捏破的程度，即可熄火。
③ 與「基本食譜」⑤～⑧相同地完成即可。

06 Chocolate 巧克力

細砂糖…25g　鮮奶油…50g
水麥芽…8g　可可奶油…5g

① 除了可可奶油之外的所有材料都放入鍋中，與12頁「基本食譜」①～③的作法相同。
② 邊混拌邊繼續熬煮至呈11頁色澤表C的顏色時，加入可可奶油並充分混拌。
③ 與「基本食譜」⑤～⑧相同地完成即可。

07 Spice 香料

細砂糖…25g　鮮奶油…50g
水麥芽…8g　香料(粉末)…5g
(肉桂2g、小豆蔻粉、薑粉、茴香粉各1g)

① 除了香料之外的所有材料都放入鍋中，與12頁「基本食譜」①～③的作法相同。
② 邊混拌邊繼續熬煮至呈11頁色澤表C的顏色時，加入香料並充分混拌。
③ 與「基本食譜」⑤～⑧相同地完成即可。

08 Nuts 堅果

細砂糖…25g　鮮奶油…50g
水麥芽…8g　榛果、核桃、杏仁果等個人喜好之堅果…20g

① 除了堅果之外的所有材料都放入鍋中，與12頁「基本食譜」①～③的作法相同。
② 邊混拌邊繼續熬煮至呈11頁色澤表C的顏色時，加入切碎的堅果並充分混拌。
③ 與「基本食譜」⑤～⑧相同地完成即可。

09 : Pine apple

10 : Banana

11 : Coconuts

12 : Fig

13 : Mango

14 : Orange

15 : Pumpkin

16 : Strawberry

19

09 *Pine* A *pple*

10 B *anana*

11 C *oconuts*

Fruity !

12 F *ig*

13 M *ango*

14 O *range*

15 P *umpkin*

16 S *trawberry*

09 Pine apple 鳳梨

砂糖…25g　鮮奶油…50g
水麥芽…8g　鳳梨(罐裝)…20g

① 將切碎的鳳梨與全部的材料一起放入鍋中，與12頁「基本食譜」①～③的作法相同。
② 邊混拌邊繼續熬煮至開始產生濃稠時，在水中滴入2～3滴以確認其硬度。可以結成固體形狀，但以指尖拿捏時會被捏破的程度，即可熄火。
③ 與「基本食譜」⑤～⑧相同地完成即可。

10 Banana 香蕉

細砂糖…25g　鮮奶油…50g
水麥芽…8g　香蕉…50g

① 將切碎的香蕉與全部的材料一起放入鍋中，與12頁「基本食譜」①～③的作法相同。
② 邊混拌邊繼續熬煮至開始產生濃稠時，在水中滴入2～3滴以確認其硬度。可以結成固體形狀，但以指尖拿捏時會被捏破的程度，即可熄火。
③ 與「基本食譜」⑤～⑧相同地完成即可。

11 Coconuts 椰子

細砂糖…25g　鮮奶油…50g
水麥芽…8g　椰子粉…5g

① 除了椰子粉之外的所有材料都放入鍋中，與12頁「基本食譜」①～③的作法相同。
② 邊混拌邊繼續熬煮至呈11頁色澤表C的顏色時，加入椰子粉並充分混拌。
③ 與「基本食譜」⑤～⑧相同地完成即可。

12 Fig 無花果

砂糖…25g　鮮奶油…50g
水麥芽…8g　乾燥無花果…20g

① 除了無花果之外的所有材料都放入鍋中，與12頁「基本食譜」①～③的作法相同。
② 邊混拌邊繼續熬煮至呈11頁色澤表C的顏色時，加入切碎的乾燥無花果並充分混拌。
③ 與「基本食譜」⑤～⑧相同地完成即可。

2cm x 2cm
生牛奶糖12顆的
製作方法

13 Mango 芒果

細砂糖…25g　鮮奶油…50g
水麥芽…8g　乾燥芒果…20g

① 除了乾燥芒果之外的所有材料都放入鍋中，與12頁「基本食譜」①～③的作法相同。
② 邊混拌邊繼續熬煮至呈11頁色澤表C的顏色時，加入切碎的乾燥芒果並充分混拌。
③ 與「基本食譜」⑤～⑧相同地完成即可。

14 Orange 柳橙

細砂糖…25g　鮮奶油…50g
水麥芽…8g　乾燥柳橙…20g

① 除了乾燥柳橙之外的所有材料都放入鍋中，與12頁「基本食譜」①～③的作法相同。
② 邊混拌邊繼續熬煮至呈11頁色澤表C的顏色時，加入切碎的乾燥芒果並充分混拌。
③ 與「基本食譜」⑤～⑧相同地完成即可。

15 Pumpkin 南瓜

細砂糖…25g　鮮奶油…50g
水麥芽…8g　南瓜粉…8g

① 除了南瓜粉之外的所有材料都放入鍋中，與12頁「基本食譜」①～③的作法相同。
② 邊混拌邊繼續熬煮至呈11頁色澤表C的顏色時，加入南瓜粉並充分混拌。
③ 與「基本食譜」⑤～⑧相同地完成即可。

16 Strawberry 草莓

細砂糖…25g　鮮奶油…50g
水麥芽…8g　草莓粉…2g

① 除了草莓粉之外的所有材料都放入鍋中，與12頁「基本食譜」①～③的作法相同。
② 邊混拌邊繼續熬煮至呈11頁色澤表C的顏色時，加入草莓粉並充分混拌。
③ 與「基本食譜」⑤～⑧相同地完成即可。

使用生牛奶糖應用變化的糖果

先預備好融化巧克力和可可粉。

✥ 松露巧克力 Truffe

表面以巧克力和可可粉來包覆生牛奶糖。
當做情人節禮物,您覺得如何呢?

◆ 材料(直徑2cm的圓球狀約10個)
生牛奶糖…150g(製作方法請參照12頁)
苦甜巧克力…50g
可可粉…30g

◆ 準備
隔熱水加熱融化苦甜巧克力。

◆ 製作方法
① 剛製作完成的生牛奶糖,放涼至手指可以觸摸的程度。
② 以融化的巧克力包覆生牛奶糖,再撒上可可粉(a)。

趁熱在生牛奶糖中加入堅果,使
其能充分混合是最重要的步驟。

✥ 牛軋糖 Nougat

在生牛奶糖中加入大量的堅果,就是不同的糖果了。
爽脆堅果的香氣正是其美味之處。

◆ 材料(4cm x 15cm的板狀1片)
生牛奶糖…150g(製作方法請參照12頁)
綜合堅果…150g

◆ 製作方法
① 製作生牛奶糖,趁熱時加入堅果。
② 以刮杓均勻地將堅果拌勻(a),倒入模型中。
③ 放入冰箱中冷藏,凝固後再分切成個人喜好之大小。

✛ 牛奶糖塔 Caramel Tart

在降低甜度且口感酥脆的塔餅內，
搭配上入口即化的生牛奶糖再適合不過了。

◆ 材料(4cm x 2cm的迷你塔模6個)
生牛奶糖…120g(製作方法請參照12頁)
A { 低筋麵粉…300g　　糖粉…100g }
奶油…100g
蛋黃…1個
奶油起司 Cream cheese…適量
焦糖液02…適量(製作方法請參照48頁)

◆ 準備
· 混合材料A，過篩兩次。
· 奶油充分冷卻後，以固體狀態切成1cm大小的
  碎丁。
· 以180℃預熱烤箱。
· 將焦糖液以板狀放涼冷卻凝固，之後敲成大碎
  片狀。

◆ 製作方法
1 製作塔餅。將過篩後的材料A與切碎的奶油放入
  缽盆中，以刮板切拌式地加以混拌。
2 以手掌揉搓拌合奶油和粉類至呈鬆散狀態時，
  加入蛋黃(a)。之後成為零散的塊狀後，再將麵
  團整合為一。此時必須注意不可以過度混拌。
3 在缽盆上包妥保鮮膜後，靜置於冰箱中30分鐘。
4 將麵團取出，擀壓成3mm左右的厚度(b)，舖放
  在模型中(c)。為使底部的麵團不會膨脹變型地
  以叉子在麵團上刺出孔洞，放上鎮石以180℃的
  烤箱烘烤20分鐘。拿出烤箱除去鎮石後，再以
  180℃烘烤至呈現芳香的烘烤色澤為止，約10分
  鐘左右。
5 由烤箱中取出冷卻後，在塔餅內倒入剛製作完
  成的柔軟生牛奶糖。再以奶油起司及焦糖碎片
  裝飾。

為不使奶油融化地必須迅速地混
拌奶油及粉類。

當麵團會沾黏在擀麵
棍上時，可以在麵團
表面撒上低筋麵粉。

以指尖按壓麵團，使麵
團可以完全均勻貼合在
模型上。

✛ 蛋白杏仁餅 Macaron

法國最常見的糕點，在蛋白杏仁餅中夾入生牛奶糖。
酥脆與潤澤的口感讓人樂在其中。

◆ 材料(直徑3cm 的杏仁餅約10個)
生牛奶糖…150g(製作方法請參照12頁)
A { 杏仁粉…105g　　糖粉…175g }
B { 蛋白…3個　　糖粉…50g }
個人喜好之色素(食用紅色、食用綠色等)…適量

◆ 準備
· 混合材料A，過篩兩次備用。
· 將烘焙紙鋪放在烤盤上。
· 以180℃預熱烤箱。

◆ 製作方法
① 在缽盆中放入材料B，以手提電動攪拌器充分打發，製作
　出細緻紮實的蛋白霜(尖端挺立的硬性發泡狀態)。需要上
　色時，則在打發後加入色素，以刮勺塊狀切拌地混拌均
　勻(a)。
② 在①中加入材料A，用刮勺攪拌至呈緞帶狀的滑順程度(b)。
③ 將材料放入擠花袋中，在舖有烘焙紙的烤盤上絞擠出直徑
　2～3cm大小的圓形(c)。
④ 放入烤箱中，以180℃烘烤15分鐘。再以160℃烘烤約
　10分鐘。
⑤ 由烤箱中取出冷卻後，2片1組地在中間夾入柔軟的生牛奶
　糖即可(d)。

d

當生牛奶糖變涼凝固時，只要再次加熱即
可回復其柔軟狀態。

a

b

c

a / 打發成拉起時可以呈現堅
實固定尖角狀之蛋白霜。
b / 混拌至舀起時，麵糊會呈
緞帶狀般地緩緩滑動之程度。
c / 為避免烘焙時與旁邊麵糊
黏合，必須留有間隔地絞擠在
烤盤上。

牛奶糖的8種變化

孩提時代最喜歡的牛奶糖，只要
再多一點香氣和略苦的風味，就
可以成為最適合搭配咖啡、成熟
風味的牛奶糖了。

01 : Yogurt

02 : Earl grey

03 : Coffee

04 : Raspberry

05 : Purple potato

06 : Pistachio

07 : Chestnut

08 : Black sesame

01 Yogurt

02 Earl grey

03 Coffee

04 Raspberry

05 Purple potato

06 Pistachio

07 Chestnut

08 Black sesame

01 Yogurt 優格

細砂糖…25g　優格…50g
水麥芽…8g

用優格取代鮮奶油，與12頁「基本食譜」①～⑧的作法相同。

02 Earl grey 伯爵茶

細砂糖…25g　鮮奶油…50g
水麥芽…8g　伯爵茶粉末…3g

① 除了伯爵茶粉末之外的所有材料都放入鍋中，與12頁「基本食譜」①～③的作法相同。
② 邊混拌邊繼續熬煮至呈11頁色澤表D的顏色時，加入伯爵茶粉末並充分混拌。
③ 與「基本食譜」⑤～⑧相同地完成即可。

03 Coffee 咖啡

細砂糖…25g　鮮奶油…50g
水麥芽…8g　即溶咖啡…2g

① 除了咖啡之外的所有材料都放入鍋中，與12頁「基本食譜」①～③的作法相同。
② 邊混拌邊繼續熬煮至呈11頁色澤表D的顏色時，加入即溶咖啡並充分混拌。
③ 與「基本食譜」⑤～⑧相同地完成即可。

04 Raspberry 覆盆子

細砂糖…25g　鮮奶油…50g
水麥芽…8g　覆盆子純汁…20g

① 除了覆盆子純汁之外的所有材料都放入鍋中，與12頁「基本食譜」①～③的作法相同。
② 邊混拌邊繼續熬煮至呈11頁色澤表D的顏色時，加入覆盆子純汁並充分混拌。
③ 與「基本食譜」⑤～⑧相同地完成即可。

2cm x 2cm
牛奶糖12顆的
製作方法

05 Purple potato 紫心甘藷

細砂糖…25g　鮮奶油…50g
水麥芽…8g　紫心甘藷粉…20g

① 除了紫心甘藷粉之外的所有材料都放入鍋中，與12頁「基本食譜」①～③的作法相同。
② 邊混拌邊繼續熬煮至呈11頁色澤表D的顏色時，加入紫心甘藷粉並充分混拌。
③ 與「基本食譜」⑤～⑧相同地完成即可。

06 Pistachio 開心果

細砂糖…25g　鮮奶油…50g
水麥芽…8g　開心果泥…20g

① 除了開心果泥之外的所有材料都放入鍋中，與12頁「基本食譜」①～③的作法相同。
② 邊混拌邊繼續熬煮至呈11頁色澤表D的顏色時，加入開心果泥並充分混拌。
③ 與「基本食譜」⑤～⑧相同地完成即可。

07 Chestnut 栗子

細砂糖…25g　鮮奶油…50g
水麥芽…8g　栗子泥…30g

① 除了栗子泥之外的所有材料都放入鍋中，與12頁「基本食譜」①～③的作法相同。
② 邊混拌邊繼續熬煮至呈11頁色澤表D的顏色時，加入栗子泥並充分混拌。
③ 與「基本食譜」⑤～⑧相同地完成即可。

08 Black sesame 黑芝麻

細砂糖…25g　鮮奶油…50g
水麥芽…8g　黑芝麻糊…5g

① 除了黑芝麻糊之外的所有材料都放入鍋中，與12頁「基本食譜」①～③的作法相同。
② 邊混拌邊繼續熬煮至呈11頁色澤表D的顏色時，加入黑芝麻糊並充分混拌。
③ 與「基本食譜」⑤～⑧相同地完成即可。

使用牛奶糖應用變化的糖果

✦ 糖杏仁 Praline

宛如寶石般美麗分佈的堅果及水果乾。
甜美及芳香的爽脆口感，
會讓人一吃上癮。

◆（直徑3cm 的圓形成品約8個）
牛奶糖…80g（製作方法請參照12頁）
杏仁果…8個
核桃（對切半個）…8個
夏威夷果…8個 ┐
南瓜仁…8個 │（a）
乾燥蔓越莓…8個 ┘

◆ 準備
・鋪放烘焙紙。

◆ 製作方法
1 製作牛奶糖，趁熱時用湯匙舀起後，使
　其滴落在烘焙紙上呈直徑3cm大小之圓
　形（b）。
2 在牛奶糖還沒變硬之前，排放上堅果及
　蔓越莓（c）。

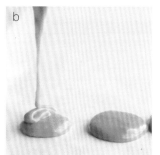

a／由遠至近各是杏仁果、核桃、夏威夷果、乾燥蔓越莓、南瓜仁。　　b／當牛奶糖降溫後，就無
法擴散成漂亮的形狀，所以要趁熱迅速地進行。　　c／堅果及乾燥水果可依個人喜好自由搭配。

✥ 奶油牛奶糖餅乾

牛奶糖碎片均勻地溶入餅乾當中。
放涼後再次凝固的牛奶糖，
夾在酥脆的餅乾之間產生出脆硬的口感。

◆（直徑6cm 的圓形成品約20片）
牛奶糖…60g（製作方法請參照12頁）
A {　麵粉…175g　　細砂糖…70g
　　無鹽奶油…125g }
雞蛋…35g

◆ 準備
・麵粉過篩兩次備用。
・奶油切成細塊備用。
・牛奶糖切成粗碎塊狀。
・將烘焙紙鋪放在烤盤上。
・以180℃預熱烤箱。

◆ 製作方法
1 在缽盆中放入材料A，用刮板以切拌方
　式混拌材料。以手掌揉搓奶油和粉類至
　呈鬆散狀態。
2 加入打散的雞蛋，用刮板充分混拌至粉
　類完全消失為止。
3 取出整合為一的麵團，用擀麵棍將麵團
　擀壓成厚度5mm的狀態。在表面撒放上
　牛奶糖，由邊緣開始捲成圓柱狀（a）。
4 用刮板將麵團分切成20等分，以手掌
　將麵團按壓成扁平狀（b）。排放在烤盤
　上，以180℃的烤箱烘烤20分鐘。

a / 先將牛奶糖混拌至麵團中，擀壓後也可以用模型按壓成型。
b / 邊用手掌按壓麵團邊將外觀整合成圓形。

✦ 牛奶糖磅蛋糕

只要混拌烘烤的簡單磅蛋糕，
也可以因為加入了牛奶糖而有更優雅頂級的風味。
烘烤成小小的蛋糕，直接當做禮物也很受到歡迎。

◆ 材料（4cm x 15cm的模型1個）
牛奶糖…60g（製作方法請參照12頁）
A ｛ 低筋麵粉…50g　杏仁粉…50g ｝
細砂糖…50g
蜂蜜…50g
蛋白…3個
奶油…100g

◆ 準備
· 混合材料A，過篩兩次備用。
· 製作焦化奶油。在鍋中放入奶油，以小火加熱，邊
  用橡皮刮杓混拌邊熬煮。熬煮至顏色呈茶色，並飄
  散出榛果香氣時即可熄火，放涼至體溫的熱度。
· 牛奶糖切成細碎塊狀。
· 將烘焙紙舖放在模型中。
· 以180℃預熱烤箱。

◆ 製作方法
1 在缽盆中放入除了牛奶糖之外的所有材料，以攪拌
  器充分混拌至粉類完全消失為止。
2 再加入切碎的牛奶糖，再以橡皮刮杓混拌（a）。
3 將麵糊倒入模型中（b），以180℃的烤箱烘烤30分鐘。

a / 將牛奶糖均勻混拌至麵糊中。
b / 麵糊倒入模型中後，拿起模型輕敲以排出麵糊中的
　　空氣。

✢ 牛奶糖蛋糕捲

滿滿的鮮奶油當中散放的牛奶糖，正是美味之所在。
也是AN-RIZ-L'EAU餐廳最受歡迎的點心。

在等待蛋糕體降溫時打發鮮奶油。

連同烘焙紙一起從
自己的方向朝前方
捲起。

沿著蛋糕體的長邊，
放上滿滿的鮮奶油。

◆ 材料(直徑6cm x 25cm的棒狀1捲)

牛奶糖…10g(製作方法請參照12頁)

低筋麵粉…16g

細砂糖…32g

奶油…16g

蛋黃…2個

蛋白…1個

鮮奶油…100g

◆ 準備

· 麵粉過篩兩次備用。

· 在鍋中放入奶油，加熱至人體溫度以
  融化奶油。

· 牛奶糖切成細碎塊狀。

· 將烘焙紙鋪放在烤盤上。

· 以180℃預熱烤箱。

◆ 製作方法

1. 製作海綿蛋糕體。在缽盆中放入蛋黃和11g的細砂糖，
   以攪拌器混拌至顏色發白為止。

2. 在另一缽盆中放入蛋白，以手持電動攪拌器混拌。邊攪
   拌邊分3次加入11g細砂糖，攪拌至蛋白的尖角呈直立
   狀態。

3. 在1的缽盆中加入2，以橡皮刮杓大塊切開般地混拌。
   再加入過篩後的麵粉，不破壞氣泡地由底部舀起般地進
   行混拌。加入融化奶油混拌。

4. 將3的麵糊薄薄地倒入烤盤中，以180℃的烤箱烘烤10
   分鐘。

5. 在缽盆中加入鮮奶油和10g細砂糖，以手持電動攪拌器
   攪打至8分發。加入切碎的牛奶糖，以橡皮刮杓混拌(a)。

6. 待蛋糕體放涼後，將打發的鮮奶油放於一側(b)，以短
   邊為軸心地捲起蛋糕體(c)。用保鮮膜包妥後放入冰箱
   冷藏固定。

牛奶抹醬的 8 種變化

乳霜狀香濃的牛奶抹醬，是早餐麵包最好的搭檔。
如果再添加微量的酒類，更可以增加豐富的香醇風味。

01 : Azuki

02 : Almond & Amaretto

3 : Black berry

04 : Cognac

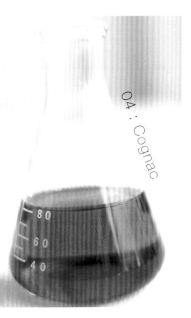

05 : Apple

06 : Dried fruits

07 : Honey

08 : Orange & Cointreau

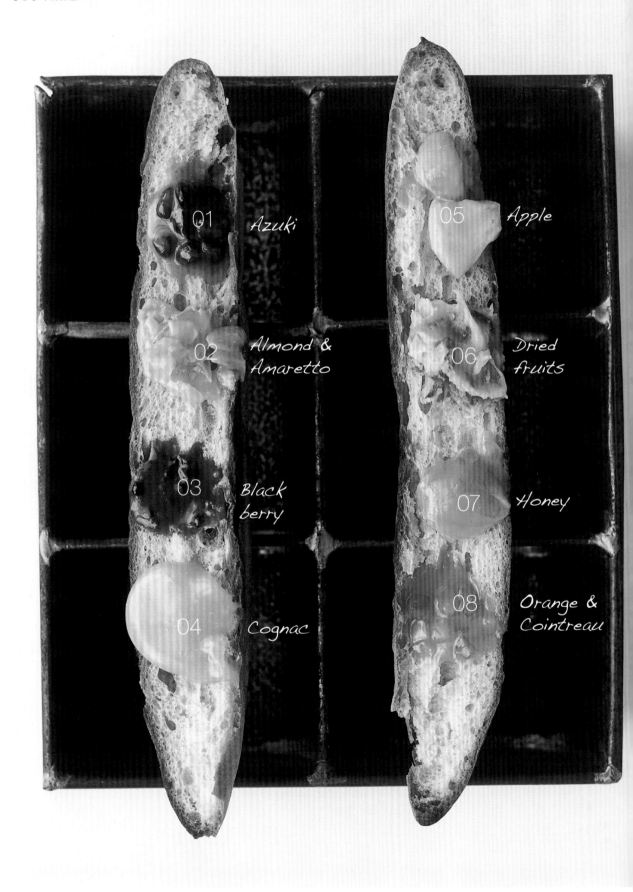

01 Azuki

02 Almond & Amaretto

03 Black berry

04 Cognac

05 Apple

06 Dried fruits

07 Honey

08 Orange & Cointreau

01 Azuki 紅豆

細砂糖…25g　鮮奶油…50g
水麥芽…8g　糖煮紅豆(罐裝)…30g

1. 除了紅豆之外的所有材料都放入鍋中，與12頁「基本食譜」①～③的作法相同。
2. 邊混拌邊繼續熬煮至呈11頁色澤表B的顏色時，加入紅豆並充分混拌。
3. 與「基本食譜」⑤～⑥相同地完成即可。

02 Almond & Amaretto 杏仁果&杏仁香甜酒

細砂糖…25g　鮮奶油…50g
水麥芽…8g　杏仁片…10g
杏仁香甜酒…6cc

1. 除了杏仁片和杏仁香甜酒之外的所有材料都放入鍋中，與12頁「基本食譜」①～③的作法相同。
2. 邊混拌邊繼續熬煮至呈11頁色澤表B的顏色時，加入杏仁果和杏仁香甜酒並充分混拌。
3. 與「基本食譜」⑤～⑥相同地完成即可。

03 Black berry 黑莓

細砂糖…25g　鮮奶油…50g
水麥芽…8g　黑莓(冷凍)…30g

1. 除了黑莓之外的所有材料都放入鍋中，與12頁「基本食譜」①～③的作法相同。
2. 邊混拌邊繼續熬煮至呈11頁色澤表B的顏色時，加入切碎的黑莓並充分混拌。
3. 與「基本食譜」⑤～⑥相同地完成即可。

04 Cognac 干邑白蘭地

細砂糖…25g　鮮奶油…50g
水麥芽…8g　干邑白蘭地…12cc

1. 除了干邑白蘭地之外的所有材料都放入鍋中，與12頁「基本食譜」①～③的作法相同。
2. 邊混拌邊繼續熬煮至呈11頁色澤表B的顏色時，加入干邑白蘭地並充分混拌。
3. 與「基本食譜」⑤～⑥相同地完成即可。

60g 牛奶抹醬的
製作方法

05 Apple 蘋果

細砂糖…25g　鮮奶油…50g
水麥芽…8g　糖煮蘋果…1/4個
(在100cc的水和20g細砂糖當中，放入切成1cm塊狀的蘋果熬煮而成)

1. 除了糖煮蘋果之外的所有材料都放入鍋中，與12頁「基本食譜」①～③的作法相同。
2. 邊混拌邊繼續熬煮至呈11頁色澤表B的顏色時，加入糖煮蘋果並充分混拌。
3. 與「基本食譜」⑤～⑥相同地完成即可。

06 Dried fruits 綜合水果

細砂糖…25g　鮮奶油…50g
水麥芽…8g　綜合水果乾…6g

1. 除了水果乾之外的所有材料都放入鍋中，與12頁「基本食譜」①～③的作法相同。
2. 邊混拌邊繼續熬煮至呈11頁色澤表B的顏色時，加入切碎的綜合水果乾並充分混拌。
3. 與「基本食譜」⑤～⑥相同地完成即可。

07 Honey 蜂蜜

細砂糖…25g　鮮奶油…50g
蜂蜜…8g

1. 以蜂蜜取代水麥芽，與12頁「基本食譜」①～⑥的作法相同。

08 Orange & Cointreau 柳橙康圖酒

細砂糖…25g　鮮奶油…50g
水麥芽…8g　糖煮柳橙(市售品)…15g　康圖酒…10cc

1. 除了糖煮柳橙和康圖酒之外的所有材料都放入鍋中，與12頁「基本食譜」①～③的作法相同。
2. 邊混拌邊繼續熬煮至呈11頁色澤表B的顏色時，加入糖煮柳橙和康圖酒並充分混拌。
3. 與「基本食譜」⑤～⑥相同地完成即可。

使用牛奶抹醬應用變化的甜點

a / 可以選擇簡單的原味麵包製作，使用
加入堅果或水果等的麵包也十分美味。

b / 浸泡時間較短，能保有麵包的口感，
長時間浸泡，則可做成麵包布丁般柔軟的
滋味。

✛ 牛奶抹醬的法式吐司

服務於「Restaurant Hiramatsu」時，
這是經常出現在員工餐的一道甜點。
利用剩餘麵包就能完成令人欣喜的美味點心。

◆ 材料(4cm x 15cm的模型1個)
牛奶抹醬…100g(製作方法請參照12頁)
細砂糖…20g
牛奶…200g
雞蛋…1個
麵包…4片
奶油…20g
糖粉…適量

◆ 製作方法
1. 製作牛奶抹醬，移至缽盆中，並且趁熱時加入牛奶稀
   釋。放入細砂糖和打散的雞蛋，以攪拌器混拌。
2. 將麵包排放在方型淺盤內(a)，倒入1的混合液浸泡約
   30分鐘左右。
3. 在平底鍋中加入奶油以中火加熱至產生香氣後，放入麵
   包煎至兩面呈金黃焦色。
4. 盛盤篩上糖粉。

✛ 焦糖司康

麵粉的風味及香氣,以及混入麵團中的牛奶抹醬的隱約香甜,
直接食用就能讓人心滿意足了。

◆ 材料(直徑4cm的圓形約8個)
牛奶抹醬…50g(製作方法請參照12頁)
A { 麵粉…200g　全麥麵粉…50g
　　泡打粉…4g　鹽…少許
　　細砂糖…10g }
奶油…70g　牛奶…70g　雞蛋…1個

◆ 準備
・麵粉和全麥麵粉過篩兩次備用。
・將烘焙紙鋪放在烤盤上。
・以180℃預熱烤箱。

◆ 製作方法
1 製作牛奶抹醬,移至缽盆中,並且趁熱時加入牛奶以攪拌器混拌。放入打散的雞蛋,繼續混拌。
2 在另一缽盆中放入材料A和切成1cm大小塊狀的奶油(a),以刮板切拌式地切拌至材料呈鬆散狀態(b)。
3 在2的缽盆中加入1的材料,混拌至呈散粒的塊狀(c)。用手掌整合全部的麵團。
4 擀壓成3cm的厚度(d),以圓形模按壓出形狀(e)。排放在烤盤上,以180℃的烤箱烘烤20分鐘。

a / 也可以將材料A全部混合過篩後,再加入奶油。　b / 將奶油與粉類搓揉混拌後,形成鬆散的狀態。
c / 不要過度地搓揉或攪拌,而是以切拌方式將材料混合。　d / 用手整合麵團並用刮板整理成方形板狀。
e / 以環狀模或小蛋糕模按壓出圓形。

✛ 焦糖慕斯

在口中瞬間立即融化的美味。
使用了大量牛奶糖的奢華甜點。

◆ 材料(15cm x 15cm x 30cm的模型1個)
牛奶抹醬⋯200g(製作方法請參照12頁)
牛奶糖⋯30g(製作方法請參考12頁)
鮮奶油⋯230g
明膠⋯8g
焦糖液03⋯適量(製作方法請參考48頁)

◆ 準備
・明膠以冰水浸泡還原。
・牛奶糖以食物調理機攪打成細碎狀態。

◆ 製作方法
1 製作牛奶抹醬,移至缽盆中,加入30g鮮奶油後以攪拌器混拌稀釋。趁熱加入明膠,以橡皮刮杓混拌以溶化明膠(a)。放涼至體溫的熱度。
2 在另一缽盆中放入其餘的鮮奶油,以攪拌器攪打至十分發的狀態。
3 在1的缽盆中加入2的鮮奶油,以不破壞氣泡地用橡皮刮杓混拌(b)。加入碎牛奶糖混拌(c)。
4 倒入模型中,放入冰箱冷卻凝結。盛盤,澆淋上焦糖液。

a / 可以快速攪拌使明膠能充分完全溶化。
b / 邊轉動缽盆,邊用橡皮刮杓由底部舀起般地翻動混拌。
c / 注意不要破壞氣泡地使牛奶糖碎能均勻混拌於慕斯中。

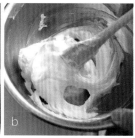
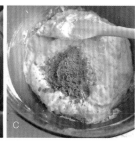

✛ 牛奶抹醬烤布蕾

減少鮮奶油，並加入牛奶抹醬。
可以增添風味及濃郁程度，製作出滑順口感的布蕾。

◆ 材料（直徑9cm的模型5個）
牛奶抹醬…40g（製作方法請參照12頁）
牛奶…50g
鮮奶油…200g
細砂糖…30g
蛋黃…3個

◆ 準備
· 以160℃預熱烤箱。

◆ 製作方法
① 製作牛奶抹醬，移至缽盆中，並且趁熱時加
　入牛奶和鮮奶油以攪拌器混拌。
② 在另一缽盆中放入蛋黃和細砂糖（a），以橡
　皮刮杓混拌至材料呈發白狀態。
③ 在②的缽盆中加入①的材料，攪拌器充分
　混拌。分5等分倒入耐熱模型中。
④ 在裝有熱水的烤盤上放入③的模型（b），以
　160℃的溫度，隔水烘烤15分鐘。
⑤ 放至冰箱中冷卻，表面撒上細砂糖（份量
　外），表面以噴鎗烤出焦色（c）。

a / 由左上起各為細砂糖、蛋
黃、加入牛奶和鮮奶油後的牛
奶抹醬。
b / 隔水加熱，是為了不使溫
度過度升高，熱度可以和緩均
勻地擴散。
c / 重覆動作至表面均勻地呈
現焦色為止。

焦糖醬的 4 種變化

加入鮮奶油後呈現出牛奶色的焦糖醬
和僅以焦化的砂糖與水完成的焦糖
液。靈巧地將兩者區分運用，可以更
大幅增加甜點的製作與變化。

✢ 焦糖液

又稱為「caramel」的焦糖液，藉由砂糖焦化的程度而
可以有各種不同的使用方法。

◆ 材料（150g的份量）
細砂糖⋯100g
水⋯100g

◆ 製作方法
1 在質地較厚的鍋內放入細砂糖，以中火加熱。
2 細砂糖焦化時邊以橡皮刮杓混拌，加熱至呈現個人所需之褐色時，
　加入水分煮至溶化。

焦糖液 01

細砂糖溶化之程度。
用於水果軟糖、蛋白杏仁餅等。

焦糖液 04

苦味較重的醬汁。
用於苦甜焦糖冰淇淋或是
焦糖咖啡等。

Caramel clear sauce

焦糖液 02

甜味較強的醬汁。
用於澆淋在水果或糖花製作上。

焦糖液 03

甜味中同時略帶苦味的醬汁。
用於澆淋在慕斯、冰淇淋上，
或是製作飲品。

使用焦糖醬應用變化的
焦糖甜點&飲品

焦糖醬鮮果

尋常的水果，僅只是澆淋上焦糖醬，
就可以化身成頂極的甜點了。

◆ 材料（4人分）
焦糖醬…60g（製作方法請參照12頁）
焦糖液02…60g（製作方法請參照48頁）
西洋梨…1個　　蘋果…1個　　香蕉…1根
無花果…4個（依個人喜好變化）

◆ 製作方法
① 製作焦糖醬和焦糖液，趁熱澆淋在水果上。

✦ 3種焦糖冰淇淋

市售香草冰淇淋，只要增加一點點小動作，
轉眼間就可以製成風味醇濃略帶苦味的焦糖冰淇淋了！！

焦糖緞帶冰淇淋

◆ 材料（直徑4cm的橢圓形約8個的份量）
香草冰淇淋⋯80g
焦糖液03⋯40g（製作方法請參照48頁）

◆ 製作方法
① 將香草冰淇淋放入缽盆中，攪拌成柔軟狀態。
② 加入呈緞帶狀的焦糖液後，直接放入冷凍庫冰凍。
③ 盛盤，最後澆淋上焦糖液（份量外）裝飾。

牛奶糖碎片冰淇淋

◆ 材料（直徑4cm的橢圓形約8個的份量）
香草冰淇淋⋯80g
牛奶糖⋯40g（製作方法請參照12頁）

◆ 製作方法
① 將香草冰淇淋放入缽盆中，攪拌成柔軟狀態。
② 加入以手持電動攪拌器攪碎的牛奶糖，混拌至冰淇淋後，直接放入冷凍庫冰凍。
③ 盛盤，最後裝飾上碎牛奶糖（份量外）。

苦甜焦糖冰淇淋

◆ 材料（直徑4cm的橢圓形約8個的份量）
香草冰淇淋⋯80g
焦糖液04⋯80g（製作方法請參照48頁）

◆ 製作方法
① 將香草冰淇淋放入缽盆中，攪拌成柔軟狀態。
② 加入焦糖液混拌後，直接放入冷凍庫冰凍。

焦糖緞帶冰淇淋 牛奶糖碎片冰淇淋 苦甜焦糖冰淇淋

✛ 焦糖飲品

萬用焦糖液,也可以廣泛活用在飲品上。
從熱飲到冰品,都是時尚咖啡廳中才有的飲料。

焦糖柳橙汁

◆ 材料(250ml)
A { 焦糖液03…30g(製作方法請參照48頁)
　　血橙糖漿…15g　康圖酒…5g }
100%柳橙汁…200ml

◆ 製作方法
① 混合材料A。
② 將①的糖漿放入玻璃杯中,
　加入冰塊再輕緩地注入柳
　橙汁。

血橙汁萃取濃縮而成的糖漿。可
以在糕點材料行中購買。

焦糖熱可可

◆ 材料(200ml)
焦糖液03…30g(製作方法請參照48頁)
A { 牛奶…200ml　可可粉…20g
　　細砂糖…10g }

◆ 製作方法
① 在鍋中放入材料A,攪拌
　並以中火加熱。
② 沸騰後加入焦糖液,煮
　至溶化。

由上方起是牛
奶、細砂糖、
可可粉。

焦糖咖啡

◆ 材料(180ml)
焦糖液03…15g(製作方法請參照48頁)
咖啡液…150ml　牛奶…30ml

◆ 製作方法
① 在杯中倒入咖啡液。
② 牛奶放入鍋中以中火加
　熱,邊用攪拌器速迅混
　拌至產生奶泡。
③ 在①的杯中注入②的奶
　泡,最後澆淋上焦糖液。

略帶苦味的咖啡與
苦甜的焦糖最對味。

焦糖可樂

◆ 材料(250ml)
焦糖液03…50g(製作方法請參照48頁)
A { 薄薑片…3片　辣椒…1/2根　丁香…3顆
　　肉桂…1枝　薄萊姆片…5片 }
奎寧水(Tonic Water)…200ml

◆ 製作方法
① 在焦糖液中放入材料A,
　浸泡約30分鐘至1小時。
② 將①的糖漿倒入玻璃杯
　中,倒入奎寧水稀釋並
　加入冰塊。

因浸泡過大量的香
料,所以是成熟的雞
尾酒風味可樂。

焦糖柳橙汁　　焦糖熱可可

焦糖咖啡　　焦糖可樂

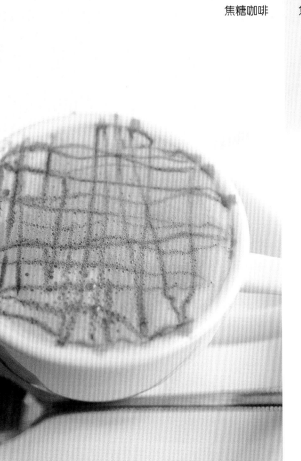

禮物牛奶糖

何不將各種色彩的牛奶糖或

手工糖果包裝之後，

試著送給最喜歡的人哦！

放在撲克牌盒中… ✛

撲克牌紙盒，最適合當做牛奶糖盒。
用小小的紙張包妥後排放在紙盒中。
穿著正式服裝的叔叔們，
一邊打著撲克，一邊將牛奶糖放入口中，
…應該會呈現如此的畫面吧。

◆ 材料
撲克牌盒、蠟紙

✛ 滿滿地塞在玻璃瓶中…

小孩子們最喜歡，
色彩鮮艷的牛奶糖和手工糖果，
滿滿地塞入瓶中。
也可以做為伴手用的禮物。

◆ 材料
空瓶、蠟紙

直接放入小小的玻璃盒中 ✧

在玻璃盒中倒入生牛奶糖，
直接包裝成禮物。
再附上叉子，
食用時就可以分切成自己想要的大小了。
也可以送給喜歡甜食的另一半。

◆ 材料
玻璃容器、叉子、蠟紙、緞帶

✧ 搭配水果及醬汁的禮物

受邀到朋友家中時，
就足以做為體面的伴手禮。
挑選個人喜好的水果，
搭配裝了焦糖醬的小瓶子。
一起來享受美妙的午茶時光吧。

◆ 材料
籃子、小瓶子、湯匙、緞帶

✦ 請試試牛奶糖
搭配咖啡吧?

專用的濃縮咖啡杯
與適合搭配略苦咖啡的
風味牛奶糖,
一起包妥成禮物,
送給喜愛濃縮咖啡的他吧。

◆ 材料
濃縮咖啡杯、蠟紙、湯匙、
緞帶、肉桂棒

放入精心收藏的
珍貴舊盒中

在設計精美、寶貴收藏的古老舊盒中，
裝入充滿香料風味的牛奶糖。
送給煙抽得很多的爸爸，
一起將「不要再抽煙改吃牛奶糖」的紙條
放入盒中。

◆ 材料
雪茄盒、蠟紙、緞帶、火柴

在法國與手工糖果的邂逅

15年前，是我第一次造訪巴黎時的事情了。糕餅店的櫥窗裝飾著各式各樣的手工糖果。小男孩的小袋子裡裝了滿滿的牛奶糖、糖果還有純手工法式棉花糖，小女孩完全被包裝得像寶石般的美麗手工糖果所吸引。而旁邊的成年男性則是正在選購巧克力糖球及鹽味奶油焦糖（鹹牛奶糖）。這些都是日常生活當中，讓人感受到小小幸福的畫面。牛奶糖也是手工糖果之一。在法國，無論是孩童或成人，手工糖果都是不可或缺，也是生活的一部分。搭配咖啡、想在繁忙的工作中放鬆一下，或是想送給最重要的人，這些都是生活當中手工糖果的重要演出。

Confiserie

手工糖果

使用砂糖所製成的甜點，手工糖果。

白色、紅色、綠色、黃色...色彩豐富的手工糖果罐並列著的樣子，讓人心動不已。

其中，像牛奶糖般柔軟的「白色手工糖果」，僅只需要混拌材料就可以簡單地完成製作。

不妨和孩子們一起試著動手做做看吧 ？

基本食譜

不用加熱，只需要混拌3種材料，
就能製作出濃郁牛奶風味的白色手工糖果。

◆ 材料

┌ 直徑2cm的球型8個 ┐

糖粉⋯40g
脫脂奶粉⋯70g
煉乳⋯60g

◆ 製作方法

1 　將所有的材料放入缽盆中。

4 　揉搓至表面開始呈現光澤狀態。

2 用橡皮刮杓混拌至所有的材料都能相互融合。

3 當材料開始凝結成鬆散塊狀時,開始用手揉搓。

5 取少量材料放置於掌心,邊搓揉邊將材料整合成球型。

6 並排在方型淺盤或托盤上,放置於常溫中冷卻凝固。

白 工糖果的 8 種變化

甘甜的砂糖糕點─手工
糖果,因為色彩鮮艷,
外觀十分可愛討喜。不
妨也試著搭配紅茶或咖
啡來享用吧?

02 : Mint

05 : Manuka honey

08 : Cranberry

07 : Awasanbon

06 : Vanilla

04 : Lemon

03 : Ram raisin

01 : White chocolate

01 *White chocolate*

02 *Mint*

03 *Ram raisin*

04 *Lemon*

05 *Manuka honey*

06 *Vanilla*

07 *Awasanbon*

08 *Cranberry*

01 White chocolate 白巧克力

糖粉…40g　脱脂奶粉…70g
煉乳…60g　白巧克力…40g

1 白巧克力切碎備用。
2 與64頁的「基本食譜」1～6同樣地完成。

02 Mint 薄荷

糖粉…40g　脱脂奶粉…70g
煉乳…60g　薄荷葉…8片

1 薄荷葉切碎備用。
2 與64頁的「基本食譜」1～6同樣地完成。

03 Ram raisin 蘭姆葡萄乾

糖粉…40g　脱脂奶粉…70g
煉乳…60g　蘭姆葡萄乾…40g

1 蘭姆葡萄乾切碎備用。
2 與64頁的「基本食譜」1～6同樣地完成。

04 Lemon 檸檬

糖粉…40g　脱脂奶粉…70g
煉乳…60g
糖煮檸檬(市售品)…40g

1 將糖煮檸檬切碎備用。
2 與64頁的「基本食譜」1～6同樣地完成。

直徑 2cm
白色手工糖果8顆的
製作方法

05 Manuka honey 麥蘆卡蜂蜜

糖粉…40g　脱脂奶粉…70g
麥蘆卡蜂蜜…60g

1 用麥蘆卡蜂蜜取代煉乳，與64頁的「基本食譜」1～6同樣地完成。

06 Vanilla 香草

糖粉…40g　脱脂奶粉…70g
煉乳…60g　香草莢…1支

1 刮出香草莢內的香草籽。
2 與64頁的「基本食譜」1～6同樣地完成。

07 Awasanbon 阿波三盆糖

阿波三盆糖…40g　脱脂奶粉…70g
煉乳…60g

1 用阿波三盆糖取代糖粉，與64頁的「基本食譜」1～6同樣地完成。

08 Cranberry 蔓越莓

糖粉…40g　脱脂奶粉…70g
煉乳…60g　乾燥蔓越莓…40g

1 乾燥蔓越莓切碎備用。
2 與64頁的「基本食譜」1～6同樣地完成。

五顏六色的手工糖果

✛ 杏仁糖

杏仁果沾裹上香草糖粉。
香草的甘甜香氣與香脆口感，是讓人欲罷不能的美味。

◆ 材料（量杯3杯的份量）
杏仁果…375g
A { 細砂糖…300g 水…100g }
香草莢…1支

◆ 製作方法
① 在鍋中放入材料A和香草莢，以中火加熱熬煮至115℃。
② 在①的鍋內加入杏仁果，熄火，以木杓混拌使糖漿沾裹在杏仁果外（a～c）。
③ 用網眼較粗的網篩過篩②，分別篩出杏仁果與砂糖（d）。
④ 將篩出的杏仁果和砂糖再次放入鍋內（e），再次以小火加熱並用木杓混拌，使糖漿沾裹在杏仁果外（f）。
⑤ 再次重覆③和④的步驟。最後在方型淺盤上放涼。

a / 在糖漿中放入杏仁果後，混拌。
b / 糖漿糖化後，會變成白色。
c / 再次混拌時，表面會層疊凝固。

d / 網篩過篩出的砂糖會積存在缽盆底部。
e / 將缽盆底部的砂糖再次倒回鍋中。
f / 邊混拌邊使砂糖沾裹於杏仁果外。

✦ 水果軟糖

覆盆子風味有美麗的紅寶石色澤。
使用各種不同口味的果泥,就可以享受各種不同色彩及風味的變化。

◆ 材料(3cm的正方形36個)
覆盆子果泥(市售品)⋯500g
水麥芽⋯60g
A { 細砂糖⋯450g 　明膠粉⋯50g }
檸檬汁⋯1/2個
細砂糖⋯50g

◆ 準備
・ 在缽盆中放入材料A混拌。

◆ 製作方法
1 在鍋中放入覆盆子果泥、水麥芽以及材料A,以中火加熱。邊用橡皮刮杓
　混拌邊加熱熬煮至105℃。
2 加入檸檬汁混拌後移至方型淺盤。
3 冷卻凝固後,撒上細砂糖(份量外),再分切成3cm的方塊。

a

熬煮至105℃的糖漿。濃度增加,
也產生濃稠感。

✛ 棉花糖

軟綿的棉花糖，隱約帶著薄荷的香氣。
可以依自己想要的形狀變化，打成結、或切成小塊。

◆ 材料(1cm x 1cm x 2cm的大小約20條)

A｛ 細砂糖…250g　水麥芽…25g　水…75g ｝

蛋白…2個　板狀明膠…15g　薄荷精…3滴　太白粉…適量

◆ 製作方法

· 板狀明膠浸泡於冰水中還原。
· 在方型淺盤上撒太白粉。

◆製作方法

① 將材料A放入鍋中，以中火加熱。至溫度上升至125℃時，熄火，將材料移至缽盆中。

② 將①以細線般緩緩地加入稍加打散的蛋白缽盆中。

③ 快速用攪拌器攪打②至舀起起可以確實形成尖角的蛋白霜(a)。趁熱時加入明膠和薄荷精(b)，用攪拌器混拌以融化明膠。

④ 移至方型淺盤中，冷卻凝固後分切成1cm大小的方形條狀，打結(c)。

趁著糖漿溫熱時用手持電動攪拌器攪打，製作成像這種硬度的蛋白霜。

使明膠可以融化地快速製作蛋白霜，就是最大的重點。

因表面很容易沾黏，因此可以撒上太白粉來整合外觀。

工　具

製作牛奶糖時，所使用工具共有3種。
很輕便簡單即可完成製作，這也是其中的樂趣之一。

鍋

使用熱傳導佳、鍋底較厚的鍋子。鍋具的材質不管是鋁、金屬鑄造或是銅等都可以，但鋁及金屬鑄造材質較不容易燒焦，銅則較容易燒焦。

橡皮刮杓

牛奶抹醬是115℃而牛奶糖的溫度則需要加熱至130℃。因此橡皮刮杓必須選用具耐熱性的材質。也可以使用木杓。

如果是製作「生牛奶糖鍋」，不需用火，以微波爐即可完成

若是以「生牛奶糖鍋」取代一般的鍋具，只要放入材料後，以微波爐加熱即可製作出生牛奶糖。倒入附屬的模型中放入冰箱冷卻，再拿出來就可以完成真正的生牛奶糖！最推薦給與孩子們一起製作牛奶糖的家長們（TAKARA TOMY製）。

模型

使用同樣耐熱的材質。不需拘泥於使用糕點用模型，方型淺盤、耐熱玻璃容器以及空瓶罐等都可當做模型來使用。

材 料

製作牛奶糖，使用的材料有3種。
親手製作美味的牛奶糖，竟是如此簡單就可以完成。

鮮奶油

本書中使用的是乳脂肪47％
的純鮮奶油。熬煮後更會產生
濃郁及香醇的風味。使用乳脂
肪成分較低的鮮奶油時，可以
製作出口感清爽的生牛奶糖。

砂糖

為擁有清澄色澤而使用細砂
糖。若是以赤砂糖、黑砂糖、
三溫糖等來取代細砂糖，則可
以製作出更具濃郁風味的牛
奶糖。

水麥芽（水飴）

製作出牛奶糖中滑順的口感，
最不可或缺的就是水麥芽。在
超市或一般糕餅材料店等，也
有以瓶裝銷售。

美味品嚐的保存方法

焦糖醬

■ 保存方法
裝入用熱水消毒過的瓶子，以常溫保存。開封後則放入冰箱中保存，並儘早食用完畢。
因為一旦冷藏後就會變硬，想要回復柔軟狀態時，只要再次加熱即可。

■ 保存期限
未開封時約3～4星期左右，開封後約3週。

牛奶抹醬

■ 保存方法
裝入用熱水消毒過的瓶子，放置於陰暗處保存。開封後則放入冰箱中保存，並儘早食用
完畢。

■ 保存期限
未開封時約3～4星期左右，開封後約1週左右。

生牛奶糖

■ 保存方法
裝入瓶子或保鮮盒密封，冷藏保存。

■ 保存期限
約2週左右。

牛奶糖

■ 保存方法
裝入瓶子或保鮮盒密封，保存於陰暗處。

■ 保存期限
約3～4星期左右。

手工糖果

■ 保存方法
裝入瓶子或保鮮盒密封，保存於陰暗處。

■ 保存期限
約2星期左右。

結語

對我而言，有兩個我引以為師的對象。

在我離開雙親前往東京，並且在東京餐廳的甜點部擔任糕點師時，是我朝著料理人跨出的第一步。法式糕點之美以及接觸到孕育出這美麗糕點過程中的各種技巧，是每日持續不斷的驚喜。接著在法國當地，感受到法國人追求美麗事物的心情，還有豐富歷史中所流傳下來的糕點製作。這些是我的憧憬，也是我永遠學習的標的。

另一個我引以為師的，是我的母親。4歲時，第一次與母親一起製作模型餅乾的經驗，是成為我走入這個行業的契機。或許是與母親相處的時間十分有限，又或是當時餅乾香甜的美味，總之，這些記憶在我的舌尖在我的心中，卻是永遠清晰地保留著。

本書當中所製作每顆小小的糖果，都能夠喚起心中令人懷念的風味，也重新喚起我成為料理人的初衷。由衷地希望書中每顆幸福的甜味，能呈現給至今與我相遇的所有朋友，以及閱讀本書的讀者們。

Thank to
食材協力
○ cuoca（クオカ） http://www.cuoca.com
　0120-863-639（10:00-18:00）
○ 共立食品株式会社 http://www.kyoritsu-foods.co.jp/
　03-3831-0870
○ pain de musha musha http://musha-musha.jugem.jp/
　0285-72-7874（水〜日 10:30-18:00）

雑貨協力
○ Deer Marsh http://deermarsh.com/
　0289-76-6260
○ Tender Cuddle http://hwm6.gyao.ne.jp/tendercuddle/
　03-4400-3709（火・木・金・日 11:00-17:00）
○ フランス雑貨 バスタン 10289-65-7798
○ 株式会社タカラトミー http://www.takaratomy.co.jp
　お客様相談室 103-5650-1031
　（月〜金［祝・祭日を除く］ 10:00-17:00）

Joy Cooking

生牛奶糖與手工糖果：
日本大排長龍的生牛奶糖3種材料及鍋子即可完成！63道甘甜誘惑Caramel & Confiserie

作者 上村真巳

翻譯 胡家齊

出版者 / 出版菊文化事業有限公司　P.C. Publishing Co.

發行人 趙天德

總編輯 車東蔚

文案編輯　編輯部　美術編輯　R.C. Work Shop

台北市雨聲街77號1樓

TEL：(02)2838-7996　　FAX：(02)2836-0028

法律顧問　劉陽明律師 名陽法律事務所

初版日期　2011年1月　一刷　2015年2月

定價　新台幣250元

ISBN-13：978-986-6210-34-1　書　號　J107

讀者專線　(02)2836-0069
www.ecook.com.tw
E-mail　service@ecook.com.tw
劃撥帳號　19260956 大境文化事業有限公司

NAMA CARAMEL TO SHIROI CONFISERIE
© MASAMI KAMIMURA 2009
© NITTO SHOIN HONSHA Co.,LTD. 2009
Originally published in Japan in 2009 by NITTO SHOIN HONSHA Co.,LTD.
Chinese translation rights arranged through TOHAN CORPORATION,TOKYO.

Staff
料理・スタイリング：上村真巳
撮影：寺澤太郎
デザイン：山本めぐみ　東水映 (EL OSO LOGOS)
料理アシスタント：高村真由美　追立伸幸
　　　　　　　　　柏崎好邦　上村久美子
撮影アシスタント：佐々木孝憲
編集：わたなべようこ (手紙社)
企画・進行：中川通　牧野貴志　矢口美樹
繁體中文版封面設計：R.C. Work Shop

生牛奶糖與手工糖果
上村真巳 著 初版. 臺北市：出版菊文化，2011[民100]
80面；19×26公分. ---- (Joy Cooking系列；107)
ISBN-13：9789866210341
1.點心食譜　2.糖果
427.16　　　104001997